BEI GRIN MACHT SICH IHR WISSEN BEZAHLT

AF138360

- Wir veröffentlichen Ihre Hausarbeit, Bachelor- und Masterarbeit

- Ihr eigenes eBook und Buch - weltweit in allen wichtigen Shops

- Verdienen Sie an jedem Verkauf

Jetzt bei www.GRIN.com hochladen und kostenlos publizieren

Perspektivische Darstellungen geometrischer Körper im Vergleich. Mathematischer Hintergrund und Bedeutung

G R I N ☺

Bibliografische Information der Deutschen Nationalbibliothek:

Die Deutsche Nationalbibliothek verzeichnet diese Publikation in der Deutschen Nationalbibliografie; detaillierte bibliografische Daten sind im Internet über http://dnb.d-nb.de abrufbar.

ISBN: 9783346767851
Dieses Buch ist auch als E-Book erhältlich.

Druck und Bindung: Books on Demand GmbH, Norderstedt Germany
Gedruckt auf säurefreiem Papier aus verantwortungsvollen Quellen

Das vorliegende Werk wurde sorgfältig erarbeitet. Dennoch übernehmen Autoren und Verlag für die Richtigkeit von Angaben, Hinweisen, Links und Ratschlägen sowie eventuelle Druckfehler keine Haftung.

Das Buch bei GRIN: https://www.grin.com/document/1300480

Inhaltsverzeichnis

Abbildungsverzeichnis

1. Einleitung

Perspektivische Darstellungen geometrischer Körper finden sich in verschiedenen Bereichen unseres Lebens wieder. Unbewusst und ganz
selbstverständlich nehmen wir die Dreidimensionalität geometrischer Körper in zweidimensionalen Abbildungen, z.B. Fotografien oder Zeichnungen,
wahr. Besonders in der Kunst und Malerei, aber auch bei Bauplänen in der
Architektur, begegnen wir häufig perspektivischen Darstellungen. Im Berufsleben wird technisches Zeichnen beispielsweise in der Elektro-, Maschi-
nen-, Anlagen- und Heizungstechnik erwartet und ist somit eine wichtige
Voraussetzung für viele Auszubildende.

Zentral- und parallelperspektivische Darstellungen sind dabei die häufigs-
ten Projektionsarten. Innerhalb der jeweiligen Darstellungen sind verschiedene Variationen, wie z.B. die Axonometrie, Dimetrie und Kavalierprojektion
zu finden. Für die Erstellung dieser Darstellungen sind Kenntnisse über
Punkte, Geraden und Ebenen sowie deren Lagebeziehung wichtig. Außerdem muss der Aufbau des kartesischen Koordinatensystems auf die jewei-
lige Projektionsdarstellung richtig angepasst werden, indem die Winkel zwischen den Achsen variiert werden. Dabei entstehen unterschiedliche Abbildungen geometrischer Körper. Neben einigen Unterschieden der Darstellungsweisen gibt es auch Gemeinsamkeiten, die Karl Wilhelm Pohlke mit
dem Satz von Pohlke oder auch Hauptsatz der Axonometrie erläuterte und
bewies.

Da perspektivische Darstellungen häufig im Alltag erscheinen und für einige
Schüler und Schülerinnen (SuS) eine Grundlage im Berufsleben darstellen,
ist die thematische Auseinandersetzung sinnvoll und relevant. Innerhalb
dieser Arbeit steht daher folgende Fragestellung im Vordergrund:

*„Welche mathematischen Grundlagen sind in Kombination für die Kon-
struktion perspektivischer Darstellungen geometrischer Körper notwendig und welche Variationen sind dabei zu unterscheiden?"*

Anschließend an die Fragestellung werden zunächst die mathematischen Grundlagen aufgegriffen und thematisiert. Hierzu wird sich auf das Buch „Raumgeometrie" von Müller aus dem Jahr 2004 bezogen. Im Anschluss werden die Darstellungsweisen der Zentral- und Parallelprojektion, auf Grundlage des Buches „Leitfaden der Geometrie" von Benölken, Gorski und Müller-Philipp sowie des oben genannten Buches „Raumgeometrie", analysiert. Danach wird auf die mathematische Bedeutung perspektivischer Darstellungen eingegangen, indem unter anderem Anwendungsmöglichkeiten, die eigenständig mit GeoGebra und ArCon hergestellt wurden, aufgezeigt werden. Abschließend wird der Einsatz von perspektivischen Darstellungen im Mathematikunterricht der Sekundarstufe 1 sowie die Möglichkeiten eines fächerübergreifenden Aspekts dargestellt.

2. Grundlagen zur perspektivischen Darstellung

Zu den geometrischen Grundlagen für perspektivische Darstellungen zählen Punkte, Geraden und Ebenen (vgl. Müller 2004, S. 9). Im Folgenden werden ihre Merkmale und Zusammenhänge untersucht und dargestellt.

Laut Müller (2004) können Punkte auf einer Geraden liegen. Zwei voneinander verschiedene Punkte P und Q legen eine Gerade, ihre Verbindungsgerade g, eindeutig fest. Es wird $(PQ) = g$ geschrieben. Umgekehrt kann jede Gerade durch zwei beliebige ihrer Punkte festgelegt werden (vgl. Müller 2004, S. 10). Punkte und Geraden können ebenfalls in Ebenen liegen. Liegt ein Punkt P in der Ebene ε so schreibt man $P \in \varepsilon$. Wenn eine Gerade g, mit all ihren Punkten, in der Ebene ε liegt, so wird $g \subset \varepsilon$ geschrieben (vgl. Müller 2004, S. 10).

Nun werden zwei Geraden g und h in einer Ebene betrachtet. Schneiden sich die Geraden genau in einem Punkt, ihrem Schnittpunkt P, so wird $g \cap h = \{P\}$ geschrieben. Wenn sich die Geraden nicht schneiden, so sind sie zueinander parallel und haben die gleiche Richtung. Liegen zwei Geraden nicht in einer Ebene, so sind sie windschief zueinander (vgl. Müller 2004, S. 10).

Eine Gerade g kann mit einer Ebene ε genau einen Schnittpunkt bzw. Durchstoßpunkt besitzen. Sie kann aber auch keinen Punkt mit der Ebene gemeinsam haben oder alle Punkte der Geraden g liegen in der Ebene ε. In diesen beiden Fällen ist die Gerade g parallel zu der Ebene (vgl. Müller 2004, S. 10).

Zwei Ebenen können sich einander in einer Geraden, der (eindeutigen) Schnittgeraden, schneiden. Die Ebenen heißen dann schneidend. Haben sie keinen Punkt gemeinsam oder fallen zusammen, dann sind die Ebenen zueinander parallel (vgl. Müller 2004, S. 10).

Um die Eindeutigkeit der Ebene im Raum festlegen zu können, werden die bisherigen Erkenntnisse nach Müller (2004) noch einmal präziser formuliert.

Satz 1: Festlegung einer Ebene

„Eine Ebene wird durch

a) drei nicht auf einer Geraden liegenden (nicht kollineare) Punkte P, Q, R
b) eine Gerade g und einen nicht auf ihr liegenden Punkt P,
c) zwei einander schneidende Geraden g und h,
d) zwei zueinander parallele, voneinander verschiedene Geraden g und h

eindeutig festgelegt. Diese Ebene ist dann die Verbindungsebene dieser Grundgebilde. Man bezeichnet sie mit $(PQR), (Pg)$ oder (gh)" (Müller 2004, S.12).

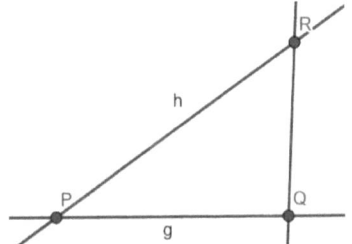

Abbildung 1: (Projektions-) Ebene
(selbsterstellt mit GeoGebra)

Die Festlegungsmöglichkeiten werden dabei mit Hilfe der Abbildung 1 noch einmal genauer betrachtet werden. Die Verbindungsebene der drei nicht kollinearen Punkte P, Q und R erzeugen die Ebene ε, man schreibt $(PQR) = \varepsilon$. Werden die Punkte P und Q betrachtet, so legen diese eindeutig ihre Verbindungsgerade $g = (PQ)$ fest. Daher kann die Ebene ε ebenfalls durch die Gerade g und den Punkt R festgelegt werden. Ist die Ebene $(PQR) = \varepsilon$ gegeben, können auch die beiden in P schneidenden Geraden $g = (PQ)$ und $h = (PR)$ zur Kennzeichnung von ε herangezogen werden (vgl. Müller 2004, S. 12).

4

Abschließend wird nun der Zusammenhang zwischen Geraden und Ebenen näher untersucht. Ob bei geometrischen Körpern aus der Parallelität der Kanten die Parallelität der Flächen und umgekehrt folgt oder diese Eigenschaft unabhängig voneinander ist, soll anhand von Ebenenbüscheln geprüft werden. Ebenenbüschel sind die Menge der Ebenen des Raumes, die eine feste Gerade enthalten.

Satz 2:

„Seien π_1 und π_2 Ebenen eines Parallelbüschels und π eine nicht dazu parallele Ebene, dann sind die Schnittgeraden g_1(bzw.g_2) von π mit π_1 (bzw. π_2) zueinander parallel: Aus $\pi_1 \parallel \pi_2 \nparallel \pi$, $g_1 = \pi \cap \pi_2$ folgt, dass $g_1 \parallel g_2$ gilt.

Kurz: Werden zwei zueinander parallele Ebenen von einer dritten Ebene geschnitten, so sind die zwei Schnittgeraden parallel" (Müller 2004, S. 16).

Satz 3:

„Seien zwei Ebenenbüschel mit Trägergeraden $g_1 \parallel g_2$ und $g_1 \neq g_2$ gegeben. ε_1 gehört zum Büschel um g_1, ε_2 zum Büschel um g_2. Wenn ε_1 und ε_2 einander in g schneiden, dann gilt $g \parallel g_1$ ($\parallel g_2$)" (Müller 2004, S. 16).

Umgekehrt kann es sein, dass von den sechs denkbaren Verbindungsebenen unter den vier zueinander parallelen Geraden g_1, g_2, g_3 und g_4, je zwei dieser Geraden kein Paar zueinander parallele Ebenen enthalten. Dass Ebenen zueinander parallel sind, ist also offenbar eine stärkere, weiter reichende Voraussetzung (vgl. Müller 2004, S. 16). Die Unabhängigkeit der Parallelität von Kanten und Flächen ist somit gezeigt.

Neben den Punkten, Geraden und Ebenen stellt das Koordinatensystem eine weitere wichtige Grundlage dar. Für die perspektivische Darstellung wird das zu zeichnende Objekt im Raum in ein Koordinatensystem eingebettet. Dazu werden die für jeden Punkt vorhandenen Koordinaten genutzt, um die ebene Zeichnung zu erstellen (vgl. Müller 2004, S. 26). Üblicherweise wird im Raum das kartesische Koordinatensystem U_{xyz}, bei dem die

Achsen paarweise senkrecht aufeinander stehen und auf denen derselbe Maßstab (Einheit) verwendet wird, genutzt (vgl. Müller 2004, S. 26). Zusammen werden die drei Achsen als rechtwinkliges Achsenkreuz bezeichnet, indem sofort die Beziehung zwischen Projektionen und den Koordinaten eines Punktes umkehrbar eindeutig ist (vgl. Haack 1980, S. 11). Sobald die Koordinaten OP_x, OP_y und OP_z gegeben sind, können die Projektionen des Punktes gezeichnet werden (vgl. Haack 1980, S. 11). Bei den verschiedenen Projektionsarten ändert sich das kartesische Koordinatensystem und unterschiedliche Winkel zwischen den Koordinatenachsen werden für die perspektivische Darstellung verwendet. Die genauen Maße und Änderungen des Koordinatensystems werden in den jeweiligen Kapiteln der Projektionsdarstellungen genauer erläutert.

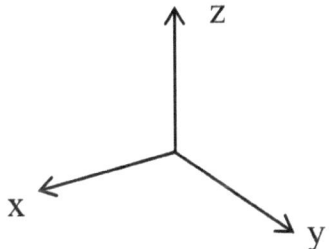

Abbildung 2: Kartesisches Koordinatensystem
(aus Benölken, Gorski & Müller-Philipp 2018 S. 357)

3. Die Zentralperspektivische Darstellung

Eine Methode der darstellenden Geometrie ist die Zentralprojektion. Hierbei wird „von einem Projektionszentrum O ($O \notin \pi$) aus durch jeden Punkt P des räumlichen Objekts ein Projektionsstrahl OP gezogen und sein Durchstoß-punkt P' mit der Bildebene π ermittelt" (Leopold 2015, S. 30). Durch Zentral-projektionen entstandene Abbildungen werden Zentralriss oder Perspektive genannt. Diese wirken besonders anschaulich, weil unser Auge ebenfalls solche Bilder auf der Netzhaut produziert (vgl. Benölken et al. 2018, S. 352). Fotografien oder Landschaftsmalereien sind beispielsweise Zentralprojektionen.

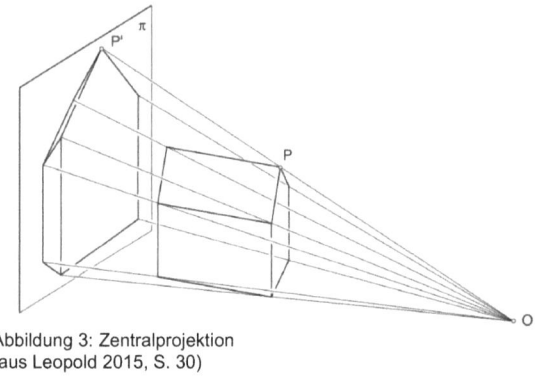

Abbildung 3: Zentralprojektion
(aus Leopold 2015, S. 30)

Satz 4: Grundeigenschaften der Zentralprojektion:

Die Zentralprojektion ist inzidenztreu und (i. Allg.) punkt- und geradentreu, d.h. das Bild eines Punktes P ist (i. Allg.) ein Punkt p^z, das Bild einer Gera-den g ist (i. Allg.) eine Gerade g^z (Müller 2004, S. 36).

Beweis zu Satz 4:

Laut Müller (2004) sind die Inzidenz- und Punkttreue Bestandteil der Defi-nition. Eine Verbindungsebene γ wird durch eine Gerade g mit $O \notin g$ be-stimmt, die i. Allg. die Bildebene π in der Bildgeraden g^z schneidet. Die Sonderfälle werden nun noch genauer betrachtet. Wenn i eine Gerade durch O (Projektionsstrahl) ist, dann ist das Bild i^z von i ein Punkt, der

Spurpunkt von i, d.h. der Schnittpunkt von i mit π. $i^z = i \cap \pi = \{I\}$, wenn dieser Punkt existiert. Einen Punkt als Bild haben die Projektionsstrahlen, die π treffen. Wenn $i \parallel \pi$, dann hätte i kein Bild, wodurch ein zweiter Sonderfall angesprochen wird. Wenn φ die Ebene parallel zur Ebene π durch den Punkt O ist, besitzt kein Punkt der in der Ebene φ liegt, einen Bildpunkt. Diese Ebene φ wird als die Verschwindungsebene dieser Zentralprojektion bezeichnet. Sei g eine beliebige Gerade, die die Verschwindungsebene φ in einem Punkt V trifft, so bekommt V bei dieser Zentralprojektion keinen Bildpunkt zugewiesen. Daher wird V als Verschwindungspunkt der Geraden g bezeichnet. Jede Gerade, die φ schneidet, hat genau einen solchen Verschwindungspunkt (vgl. Müller, S. 36).

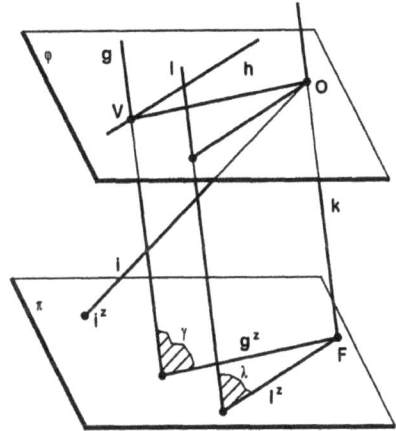

Abbildung 4: Beweis Zentralprojektion
(aus Müller 2004, S. 36)

Zwei parallele Geraden g und l werden auf zwei Geraden abgebildet. Diese Bildgeraden g^z und l^z sind jedoch nicht mehr parallel, sondern schneiden sich in dem Fluchtpunkt F (vgl. Helmerich & Lengnink 2016, S. 218). Laut Müller (2004) kann der Fluchtpunkt als Bild des gemeinsamen Fernpunkts der Geraden g, l und k aufgefasst werden. Die Fernpunkte aller Geraden liegen in einer Ebene, der Fernebene. Statt Fernpunkt wird meist „Richtung" gesagt (vgl. Müller 2004, S. 36).

3.1 Die Fluchtpunkt-Perspektiven

Wie im Beweis zu Satz 4 erwähnt wurde, schneiden sich alle Bildgeraden, die im Original zueinander parallel sind, in einem gemeinsamen Fluchtpunkt F (vgl. Helmerich & Lengnink 2016, S. 218). Im Folgenden wird ein Quader untersucht, der ein oder zwei Fluchtpunkte aufweist.

In Abbildung 5 ist ein Quader zu sehen, dessen Grund- und Deckfläche parallel zum Boden verlaufen, also senkrecht zur Projektionsfläche und seine Vorder- und Rückseite parallel zur Projektionsfläche liegen (vgl. Benölken et al. 2018, S.373). Die Vorder- und Rückseite erscheinen im Bild als Rechtecke und die Kanten verlaufen senkrecht bzw. parallel zur Standebene. Die vom Betrachter nach hinten wegstrebenden Quaderkanten, die in Wirklichkeit parallel zueinander sind, werden nicht auf Parallelen abgebildet und stattdessen verlängert, bis sie sich in ihrem Fluchtpunkt schneiden (vgl. Benölken et al. 2018, S. 373).

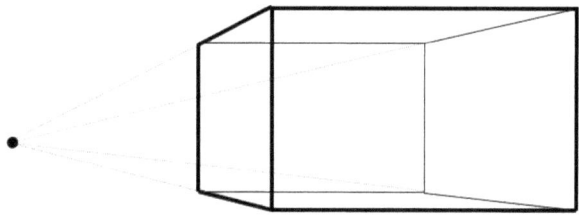

Abbildung 5: 1-Punkt-Perspektive
(aus Benölken et al. 2018, S. 373)

In Abbildung 6 wurden die parallelen Diagonalen der Grund- und Deckfläche verlängert und in zwei Fluchtpunkten eingezeichnet (vgl. Benölken et al. 2018, S. 373). Werden die beiden Fluchtpunkte zu einer Geraden verbunden, so fällt auf, dass diese parallel zu den vier Quaderkanten verläuft, die parallel zur Standebene und zur Bildebene verlaufen. Diese Gerade entspricht dem Horizont (vgl. Benölken et al. 2018, S. 374).

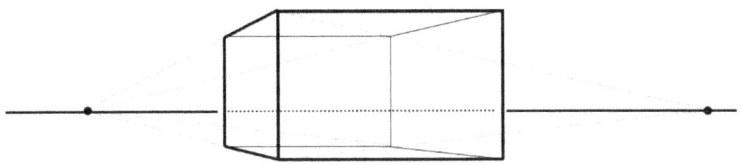

Abbildung 6: 2-Punkt-Perspektive
(aus Benölken et al. 2018, S. 373)

3.2 Die Frosch- und Vogelperspektive im Vergleich

Wird bei fester Position des Augpunktes und des Körpers die Projektionsebene verschoben, so führt dies zu einer Vergrößerung (bei Verkleinerung der Distanz d) bzw. einer Verkleinerung (bei Vergrößerung der Distanz d) des perspektivischen Bildes (vgl. Helmerich & Lengnink 2016, S. 219). Ändert sich die Lage des geometrischen Körpers bei fester Position des Augpunktes und der Projektionsebene, so führt dies, neben einer Größenveränderung, auch zu einer Veränderung des perspektivischen Eindrucks (vgl. Helmerich & Lengnink 2016, S. 219). Durch die Höhe des Augpunktes bzw. Hauptpunktes gegenüber der Horizontallinie werden unterschiedliche Sichtweisen auf das geometrische Objekt erzeugt. Dabei ist zwischen der Frosch- und Vogelperspektive zu unterscheiden (vgl. Helmerich & Lengnink 2016, S. 219).

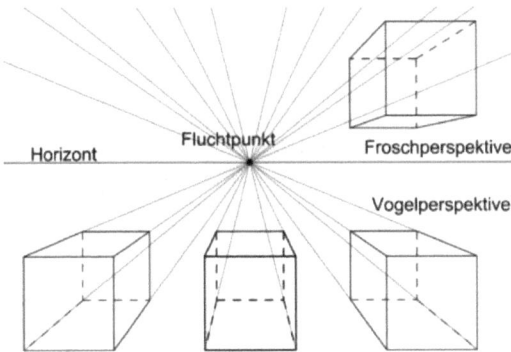

Abbildung 7: Frosch- und Vogelperspektive
(aus Helmerich & Lengnink 2016, S. 220)

Die Sicht der Froschperspektive geht von einem tief liegenden Hauptpunkt aus. Diese wird in der Architektur beispielsweise bei Hangbebauungen, wie bei der Perspektive des Wohnhauses von Rudolf M. Schindler in Abbildung 8, verwendet (vgl. Leopold 2005, S. 260).

Die Sicht der Vogelperspektive geht von einem sehr hoch liegenden Hauptpunkt aus. In der Architektur wird diese Perspektive verwendet, wenn ein Überblick über einen größeren Gebäudekomplex oder Stadtteil vermittelt werden soll. Die Vogelperspektive eignet sich z.B. für die Darstellung der Villen mit Dachgärten an der Riviera von Adolf Loos, wie in Abbildung 9 gezeigt wird (vgl. Leopold 2005, S. 261).

Abbildung 8: Froschperspektive
(aus Leopold 2005, S. 261)

Abbildung 9: Vogelperspektive
(aus Leopold 2005, S. 261)

4. Die Parallelperspektivische Darstellung

Zur perspektivischen Darstellung geometrischer Körper wird in der Geometrie meist die Parallelprojektion verwendet. Hierbei werden die Punkte eines Körpers durch parallele Strahlen auf eine Ebene (Projektionsebene) abgebildet (vgl. Scheid 2017, S. 73). Das entstandene Bild heißt Parallelriss und entspricht nicht dem Sehvorgang, weshalb diese Bilder nicht immer sehr anschaulich wirken. Die Maßverhältnisse der räumlichen Objekte können dafür aus Parallelrissen leichter abgelesen werden (vgl. Leopold 2015, S. 32).

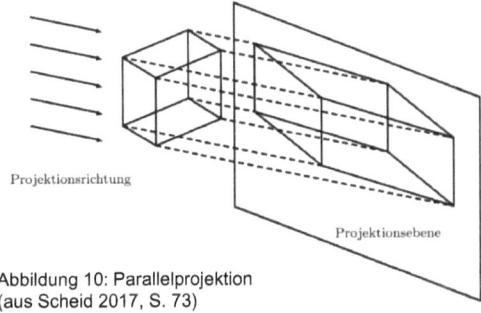

Abbildung 10: Parallelprojektion
(aus Scheid 2017, S. 73)

Satz 5: Grundeigenschaften der Parallelprojektion:

a) „Die Parallelprojektion ist inzidenztreu und i. Allg. geradentreu, streckentreu und teilverhältnistreu.

b) Zueinander parallele Geraden haben i. Allg. zueinander parallele Bilder."
(Müller 2004, S. 38)

Beweis zu Satz 5:

a) Die Inzidenztreue erfolgt aus der Definition, da die Abbildung punktweise erfolgt (vgl. Müller 2004, S. 39). Eine Gerade g, die nicht parallel zur Projektionsrichtung s ist, bestimmt mit den Projektionsstrahlen ihrer Punkte eine Projektionsebene γ, die π in der Geraden $g^p = \gamma \cap \pi$ schneidet. Somit begründet Müller (2004) allgemein die Geradentreue (vgl. Müller

2004, S. 39). Sei allerdings $g \parallel s$, dann ist $g^p = g \cap \pi = \{G\}$ ein Punkt, der Spurpunkt von g in π (vgl. Müller 2004, S. 39).

Die Strecken- und Teilverhältnistreue sind laut Müller (2004) zeitgleich zu beweisen. Eine Strecke $\overline{AB}$ soll als Teilmenge einer Geraden auf eine Strecke (als Teilmenge der Bildgeraden) abgebildet werden. In der Abbildung wird die Projektionsebene ε von g als Zeichenebene genommen. Dadurch ist das Bild der Strecke $\overline{AB}$ dann die Strecke $\overline{A^p B^p}$. Hierbei entsteht das Trapez $AA^p B^p B$, welches das Projektionstrapez dieser Strecke darstellt. Durch die Verlängerung der Strecken bis zu ihrem Schnittpunkt S entsteht eine Strahlensatzfigur. Daher lassen sich die Eigenschaften aus dem Strahlensatz auf die Parallelprojektion übertragen. Es gilt: $|\overline{SA}| : |\overline{SB}| = |\overline{SA^p}| : |\overline{SB^p}|$ und somit sind die Strecken- und Teilverhältnistreue begründet (vgl. Müller 2004, S. 39).

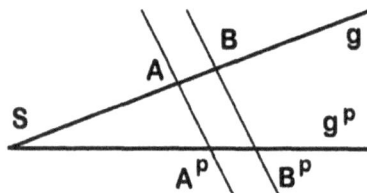

Abbildung 11: Strahlensatz
(aus Müller 2004, S. 38)

b) Mit einer elementaren räumlichen Überlegung für zueinander parallele Geraden a und b kann die Parallelentreue begründet werden, indem drei Unterfälle betrachtet werden (vgl. Müller 2004, S.39). Der Ausartungsfall muss laut Müller (2004) nicht betrachtet werden, da zueinander parallele Geraden in Projektionsrichtung Punkte als Bilder haben.

Im Standardfall gibt es zu zwei Geraden a und b die zugehörigen Projektionsebenen α und β. „Für $a = b$ ist $a^p = b^p$. Für $a \neq b$ mit $\alpha = \beta$ gilt ebenfalls $a^p = b^p$" (Müller 2004, S.39). Somit beweist Müller (2004) für diese beiden Unterfälle die Parallelentreue.

Gilt allerdings $a \neq b$ und $\alpha \neq \beta$, muss $\alpha \parallel \beta$ sein, da es keinen gemeinsamen Punkt geben kann. Die Bildebene π schneidet dann die beiden zueinander parallelen Ebenen α und β in zueinander parallele Geraden, den Bildgeraden a^p und b^p von a und b (vgl. Müller 2004, S. 39).

4.1 Die schräge Parallelprojektion

Bei der schrägen oder schiefen Parallelprojektion treffen die Projektions-strahlen schief auf die Bildebene mit einem Einfallswinkel von $0° < \alpha <$ $90°$ (vgl. Leopold 2015, S. 32). Die entstandenen Bilder werden als Schräg-bilder bezeichnet (vgl. Padberg, Krauter & Bescherer 2013, S. 9).

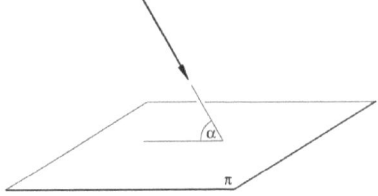

Abbildung 12: Schräge Parallelprojektion
(aus Leopold 2015, S. 32)

4.1.1 Die Axonometrie

Die Axonometrie ist eine schräge Parallelprojektion, weshalb die Eigen-schaften der Parallelprojektion, also die Teilverhältnis-, Geraden-, Stre-cken-, Inzidenz- und Parallelentreue, ebenfalls für die Axonometrie gelten. Zusätzlich kommen folgende Eigenschaften dazu:

Satz 6: Grundeigenschaften der Axonometrie:

„a) Die Axonometrie ist längenverhältnistreu, insbesondere bleibt ein Mittel-punkt im Original auch Mittelpunkt im Bild.

b) Jede Figur, die in einer zur Bildebene parallelen Ebene liegt, wird auf eine kongruente Figur abgebildet" (Benölken et al. 2018, S.356).

Beweis zu Satz 6:

a) Die Längenverhältnistreue bzw. Mittelpunkttreue kann durch die Koordi-nateneigenschaften bewiesen werden. Durch die Koordinaten der End-punkte sind die Koordinaten des Mittelpunktes einer Strecke festgelegt (vgl. Müller 2004, S. 28). Der Bildpunkt des Mittelpunkts wird durch die

Koordinaten gefunden, weshalb der Mittelpunkt einer Strecke in den Mittelpunkt der Bildstrecke abgebildet werden muss (vgl. Müller 2004, S. 28).

b) Da die Ausgangsfigur mit den Projektionsstrahlen zusammen eine projizierende Säule bildet, können die Grund- und Deckfläche dieser projizierenden Säule durch eine Verschiebung ineinander übergeführt werden. Es entsteht ein kongruentes Bild zur Ausgangsfigur (vgl. Padberg et al. 2013, S. 8).

Innerhalb der Axonometrie kann es zu Variationen des Koordinatensystems kommen. Hierbei können die Winkel zwischen den drei Achsen und die Maßstäbe (Verkürzungen) auf ihnen frei gewählt werden (vgl. Müller 2004, S. 30). Die einzige Bedingung ist, dass keine zwei der drei Geraden zusammenfallen dürfen (vgl. Müller 2004, S. 30). Einige Variationen liefern besonders anschauliche Bilder und werden als Isometrie und Dimetrie bezeichnet.

Isometrie

Isometrie bedeutet Maßgleichheit aller dargestellten Körperkanten mit der Projektionsfigur. Daher werden die Draufsicht, Vorder- und Seitenansicht im Koordinatensystem in wahrer Größe, jedoch verzerrt, abgebildet (vgl. Leopold 2015, S. 76). Die Projektion erfolgt auf der Grundrissebene, wobei der Körper schräg zur Bildebene dargestellt wird. Die $x-$ und $y-$Achsen bilden jeweils einen spitzen Winkel von 30° zur horizontalen Grundlinie, woraus ein eingeschlossener Winkel zwischen $x-$ und $z-$ bzw. $y-$ und $z-$Achse von 60° folgt (vgl. Rembowski 2018, S. 32). Der Maßstab der Seitenverhältnisse liegt bei 1:1:1.

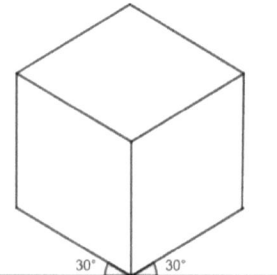

Abbildung 13: Isometrie
(selbsterstellt mit GeoGebra)

15

Dimetrie

Bei der dimetrischen Darstellung werden die in Raumtiefe dargestellten Flächen verkürzt abgebildet. Dadurch wird eine geringe Tiefenwirkung sichtbar und ein realistischeres Bild als bei der Isometrie entsteht. Die x −Achse bildet im Koordinatensystem einen Winkel von 7° , die y −Achse einen Winkel von 42° und die z −Achse einen Winkel von 90° zur horizontalen Grundlinie (vgl. Leopold 2015, S. 76). Die Kanten der Figur werden auf der y −Achse in verkürzter Größe dargestellt, wodurch sich ein Maßstab von 1:1:0,5 ergibt (vgl. Müller 2004, S. 32).

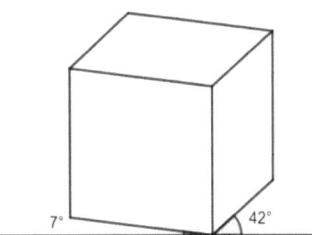

Abbildung 14: Dimetrie
(selbsterstellt mit GeoGebra)

In welchem Zusammenhang die Parallelprojektion und die Axonometrie stehen, wird in Kapitel 5 untersucht und mit Hilfe des Hauptsatzes der Axonometrie beschrieben.

4.1.2 Die Kavalier- und Militärprojektion im Vergleich

Die Kavalier- und Militärprojektion stellen zwei Sonderfälle der schrägen Parallelprojektion dar.

Kavalierprojektion

Bei der Kavalierprojektion werden alle zur Aufrissebene parallelen, ebenen Figuren in wahrer Größe abgebildet (vgl. Padberg et al. 2013, S. 9). Nach Benölken et al. (2018) beträgt der Winkel zwischen der y − und z −Achse 90° und der Maßstab liegt bei 1:1. Der Maßstab auf der dritten Achse und der Winkel α ist frei wählbar. Um ein anschauliches Bild zu liefern und zeichentechnisch einfach fortfahren zu können, werden α und der

Verkürzungsfaktor $q \in \mathbb{R}$ sorgfältig ausgewählt. Hierbei eignen sich die Winkelmaße $w(\alpha)$ 135° und 45° besonders gut. Die Parallelen zur x −Achse werden am besten mit dem Faktor von $q = \frac{1}{2}$ oder $q = \frac{1}{\sqrt{2}}$ verkürzt (vgl. Benölken et al. 2018, S. 357).

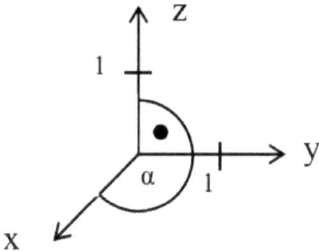

Abbildung 15: Koordinatensystem der Kavalierprojektion
(aus Benölken et al. 2018, S. 357)

Im Folgenden wird die Anschaulichkeit der gewählten Winkel und Verkürzungsfaktoren anhand einer Würfeldarstellung betrachtet. Die Würfeldarstellungen wirken anschaulich, da sich die sichtbaren Kanten von den nicht sichtbaren Kanten unterscheiden und stärker hervorgehoben wurden. Im ersten Bild ist die klassische Würfeldarstellung mit $w(\alpha) = 135°$ und $q = \frac{1}{2}$ zu erkennen. Durch die Veränderung des Verkürzungsfaktors q im zweiten Bild werden die Seiten länger als die Frontalansicht abgebildet. Die Darstellung des Würfels wirkt daher verzerrt. In der letzten Abbildung ist die Ausrichtung durch die Veränderung des Winkels auf 45° nach rechts verschoben und die Seiten sind ebenfalls etwas länger dargestellt.

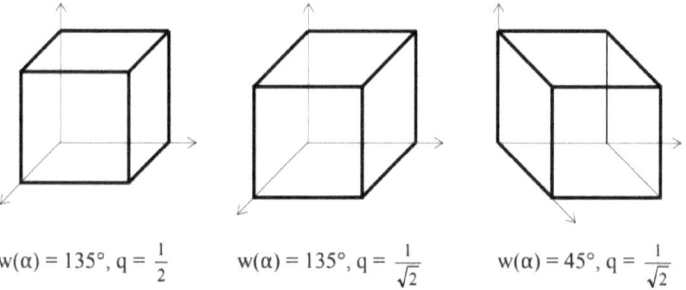

w(α) = 135°, q = $\frac{1}{2}$ w(α) = 135°, q = $\frac{1}{\sqrt{2}}$ w(α) = 45°, q = $\frac{1}{\sqrt{2}}$

Abbildung 16: Würfel in der Kavalierprojektion
(aus Benölken et al. 2018, S. 358)

Militärprojektion

Bei der Militärprojektion werden alle zur Grundrissebene parallelen ebenen Figuren in wahrer Größe dargestellt (vgl. Padberg et al. 2013, S. 9). Nach Benölken et al. (2018) beträgt der Winkel zwischen der x – und y –Achse 90° und der Maßstab liegt bei 1:1. Hier eignet sich nicht die Winkelgröße $w(\alpha) = 135°$ wie bei der Kavalierprojektion. Stattdessen wird ein Winkelmaß von 120° oder 60° gewählt. Die Maße für die z –Achse werden oft in wahrer Größe oder im Maßstab 1:2 verkürzt dargestellt (vgl. Benölken et al. 2018, S. 358).

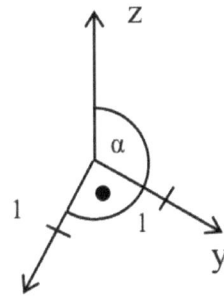

Abbildung 17: Koordinatensystem der Militärprojektion
(aus Benölken et al. 2018, S. 357)

Im Folgenden wird ebenfalls die Anschaulichkeit der gewählten Winkel und Verkürzungsfaktoren anhand einer Würfeldarstellung in Abbildung 18 betrachtet. Im ersten Beispiel wird deutlich, weshalb das Winkelmaß $w(\alpha) = 135°$ ungeeignet ist. Die vordere und hintere Würfelkante befinden sich auf einer Linie, was zu unerwünschten Überschneidungen führen kann (vgl. Benölken et al. 2018, S. 358). In der zweiten Abbildung wird die Darstellung auf der z –Achse in wahrer Größe und in der dritten Abbildung mit dem Maßstab 1:2, wodurch der Würfel hier gestaucht dargestellt ist, abgebildet.

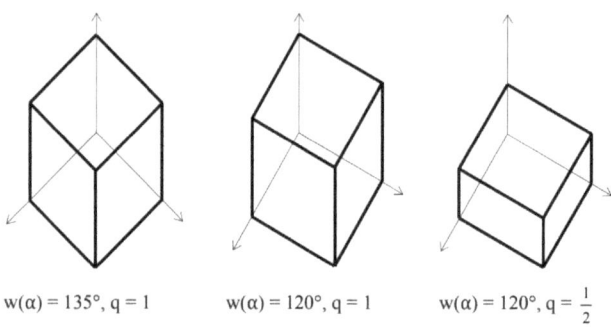

w(α) = 135°, q = 1   w(α) = 120°, q = 1   w(α) = 120°, q = $\frac{1}{2}$

Abbildung 18: Würfel in der Militärprojektion
(aus Benölken et al. 2018, S. 359)

4.2 Die orthogonale Parallelprojektion

Bei der orthogonalen Parallelprojektion bzw. Normalprojektion treffen die Projektionsstrahlen senkrecht, mit einem Einfallswinkel von 90°, auf die Bildebene (vgl. Leopold 2015, S. 32).

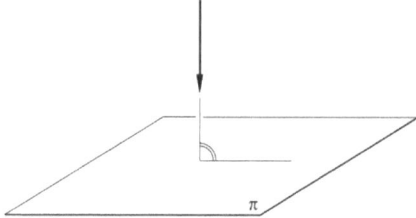

Abbildung 19: Orthogonale Parallelprojektion
(aus Leopold 2015, S. 32)

Die Dreitafelprojektion

Bei der Dreitafelprojektion entstehen „auf drei Bildebenen jeweils Ansichten des Objektes, bei denen alle zur Bildebene parallelen Strecken und Winkel in ihrer wahren Größe abgebildet werden" (vgl. Benölken et al. 2018, S. 354). Dieses Verfahren ermöglicht die Anschauung eines räumlichen Objektes von drei verschiedenen Ansichten und wird in der Architektur zur Realisierung von Bauwerken genutzt, indem die Zeichnungen die Dimensionen eines Bauwerks genauer definieren.

In der Abbildung 20 wird die Dreitafelprojektion eines Quaders deutlich. Das Bild in der xy −Ebene wird als Grundriss bezeichnet und meint die zweidimensionale Darstellung eines waagerechten Schnittes durch ein geometrisches Objekt, meist auf Bodenebene (vgl. Helmerich & Lengnink 2016, S. 206). Formal lässt sich diese Projektion als Abbildung $P_G\colon \mathbb{R}^3 \to \mathbb{R}^2$ mit $P_G(\mathrm{x|y|z}) \to (\mathrm{x|y|0})$ darstellen (vgl. Helmerich & Lengnink 2016, S. 206). In der yz −Ebene wird das Bild als Aufriss bezeichnet und zeigt die zweidimensionale Darstellung direkt von vorne, abgebildet auf eine senkrecht stehende Projektionsfläche (vgl. Helmerich & Lengnink 2016, S. 206). Formal lässt sich diese Projektion als Abbildung $P_A\colon \mathbb{R}^3 \to \mathbb{R}^2$ mit $P_A(\mathrm{x|y|z}) \to (0|\mathrm{y|z})$ darstellen (vgl. Helmerich & Lengnink 2016, S. 206). Als Seitenriss wird das Bild in der xz −Ebene bezeichnet und ergibt sich aus der Ansicht aus der nach Grundriss und Aufriss fehlenden Raumrichtung (Helmerich & Lengnink 2016, S. 206). Formal lässt sich diese Projektion als Abbildung $P_S\colon \mathbb{R}^3 \to \mathbb{R}^2$ mit $P_S(\mathrm{x|y|z}) \to (\mathrm{x}\,|\,0\,|\,\mathrm{z})$ darstellen.

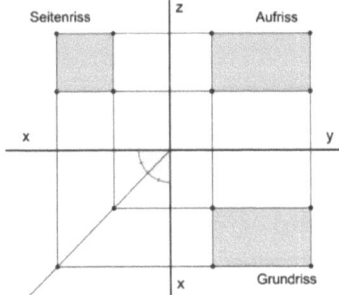

Abbildung 20: Dreitafelprojektion
(aus Helmerich & Lengnink 2016, S. 207)

Bei der Dreitafelprojektion werden alle ebenen Figuren, die zu der betreffenden Projektionsebene parallel verlaufen, in wahrer Größe abgebildet. Bei senkrechter Projektion werden senkrechte Strecken zur Projektionsebene im Projektionsbild nicht mehr sichtbar, sondern auf einen Punkt projiziert (vgl. Helmerich & Lengnink 2016, S. 206). Mathematisch betrachtet setzt sich eine Dreitafelprojektion aus drei senkrechten Parallelprojektionen auf drei zueinander senkrecht stehende Projektionsebenen zusammen (vgl. Helmerich & Lengnink 2016, S. 206).

5. Zusammenhang verschiedener Projektionsarten

Nach Untersuchungen der Eigenschaften und Besonderheiten der Zentral-
und Parallelprojektion werden nun Gemeinsamkeiten und Unterschiede
zwischen diesen Projektionsdarstellungen und ihren Variationen, wie z.b.
der Axonometrie, herausgestellt.

Werden die Eigenschaften der zentral- und parallelperspektivischen Darstellungen verglichen, wird die Übereinstimmung der Inzidenz- und Geradentreue deutlich. Die Unterschiede zwischen den Projektionsarten über-
wiegen jedoch. Ausgangspunkt für die Zentralprojektion ist ein Projektionszentrum. Von jedem Punkt des räumlichen Objekts wird der Durchstoßpunkt
mit einer Ebene durch die Projektionsstrahlen erzeugt (vgl. Kapitel 3). Bei
der Parallelprojektion werden die Punkte des räumlichen Objekts durch parallele Strahlen auf die Projektionsebene abgebildet (vgl. Kapitel 4). Es entstehen zwei unterschiedliche Abbildungen eines geometrischen Körpers.
Die wesentlichen Unterschiede werden in Tabelle 1 noch einmal veran-
schaulicht zusammengetragen.

Tabelle 1: Zentral- und Parallelprojektion im Vergleich

Zentralprojektion	Parallelprojektion
- anschaulich	- weniger anschaulich
- wenig maßgerecht	- weitgehend maßgerecht
- nicht teilverhältnistreu	- teilverhältnistreu
- nicht parallelentreu	- parallelentreu
- konstruktiv aufwendig	- konstruktiv einfach

(selbsterstellt, nach Padberg et al. 2013, S. 3 f.)

Ein Zusammenhang zwischen der Parallelprojektion und der Axonometrie
lässt sich aufgrund der Übereinstimmung der Parallelen- und Teilverhält-
nistreue vermuten (vgl. Müller 2004, S. 46). Mit diesem Zusammenhang
setzte sich auch Karl Wilhelm Pohlke intensiv auseinander.

Satz 7: Satz von Pohlke / Hauptsatz der Axonometrie:

„Das axonometrische Bild eines Objektes ist ähnlich zu einem bestimmten
Parallelriss des Objektes" (Müller 2004, S. 46).

Für die Konstruktion eines axonometrischen Bildes wird ein ebenes Drei-
bein, das Verhältnis $e_x : e_y : e_z$ der drei Einheitsstrecken und eine Einheits-
strecke gewählt (vgl. Müller 2004, S.46). Bei richtiger Wahl der Einheitsstre-
cke stimmt das axonometrische Bild eines Gegenstandes mit seinem Parallelriss in einer bestimmten Richtung überein (vgl. Müller 2004, S. 46).
Durch geeignete Vergrößerung der Würfelkanten kann stets Gleichheit der
Bilder herbeigeführt werden (vgl. Haack 1980, S. 48).

Auch die orthogonale Parallelprojektion ist in der Praxis Grundlage für das
Verfahren der Dreitafelprojektion (vgl. Marx 1995, S. 17). Die senkrechten
Projektionsstrahlen sorgen dafür, dass senkrechte Strecken zur Projekti-
onsebene auf einen Punkt projiziert und zur Projektionsebene parallele
Strecken in wahrer Größe abgebildet werden.

Es wird deutlich, dass es zwischen den verschiedenen Projektionsdarstellungen einen Zusammenhang gibt. Die Zentralprojektion sowie die schräge
und orthogonale Parallelprojektion sind Ausgangspunkt für viele Variationen. Diese Variationen, wie z.B. die Axonometrie, Isometrie, Dreitafelprojektion, usw. sorgen für eine Vielzahl an Möglichkeiten, geometrische Objekte perspektivisch und anschaulich darstellen zu können.

6. Der mathematische Hintergrund perspektivischer Darstellungen

Perspektivische Darstellungen verfolgen das Ziel, dreidimensionale Objekte auf eine zweidimensionale Bildfläche abzubilden (vgl. Leopold 2015, S. 29). Dabei wird einem Element einer Punktmenge A genau ein Element einer Punktmenge B zugeordnet, d.h. die Punkte im Raum werden eindeutig den Punkten in der Bildfläche bzw. Bildebene zugeordnet (vgl. Leopold 2015, S. 29). Die perspektivische Darstellung sorgt dafür, dass „die räumliche Vorstellung unterstützt wird, die Anschauung als räumliches Objekt in seinen originalen Abmessungen ein Stück weit erhalten bleibt und dabei geometrische Maße ablesbar oder rekonstruierbar sind" (Helmerich & Lengnink 2016, S. 201). Nicht nur in der Mathematik, sondern auch in den Bereichen der Architektur, Kunst und Malerei ist die perspektivische Darstellung von hoher Bedeutung. Dazu werden im Folgenden zwei Anwendungsmöglichkeiten aus den Bereichen der Mathematik und Architektur näher betrachtet und erläutert.

6.1 Anwendungsmöglichkeiten mit GeoGebra

GeoGebra ist eine Dynamische-Geometrie-Software, mit der beispielsweise Funktionsgraphen, Kurven und Vektoren in der Ebene sowie im dreidimensionalen Raum dargestellt werden können. Nicht nur in der Geometrie, sondern auch in den Themenbereichen der Stochastik, Analysis oder der linearen Algebra kann GeoGebra genutzt werden. Deshalb wird die Software in vielen Schulen eingesetzt, um gelerntes Fachwissen zu vertiefen oder praktische Erfahrungen sammeln zu können. Im Folgenden sollen zwei Anwendungsmöglichkeiten mit der Software GeoGebra untersucht werden. Dabei soll unter anderem eine Pyramide zentralperspektivisch abgebildet und die Vorgehensweise beschrieben werden. Außerdem werden die unterschiedlichen Variationen parallelperspektivischer Darstellungen durch die Möglichkeiten verschiedener Schieberegler betrachtet.

Erstellung einer Pyramide in der Zentralprojektion

Für die Erstellung der zentralperspektivischen Darstellung einer Pyramide wird zunächst die Darstellungsweise in den 3D Rechner umgestellt. Anschließend wird eine Pyramide, sowie eine Ebene durch drei Punkte (siehe Abbildung 21) erstellt und ein beliebiger Punkt P als Projektionszentrum festgelegt. Durch die Punkte der Pyramide und dem Projektionszentrum werden Geraden erstellt, die die Ebene schneiden. Die Schnittpunkte von Geraden und Ebenen werden gekennzeichnet (siehe Abbildung 22). Anschließend werden die Schnittpunkte durch Strecken miteinander verbunden. Dadurch wird die zentralperspektivische Darstellung der Pyramide erzeugt (siehe Abbildung 23 und 24).

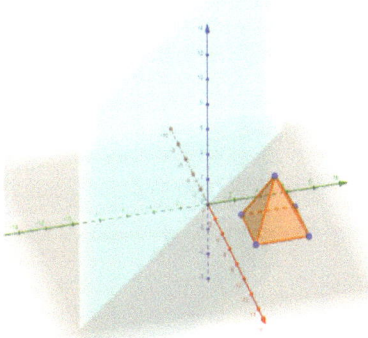

Abbildung 21: Zentralprojektion Schritt 1 (selbsterstellt mit GeoGebra)

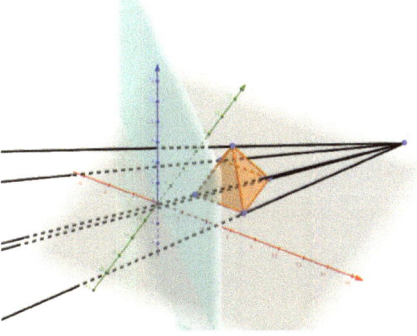

Abbildung 22: Zentralprojektion Schritt 2 (selbsterstellt mit GeoGebra)

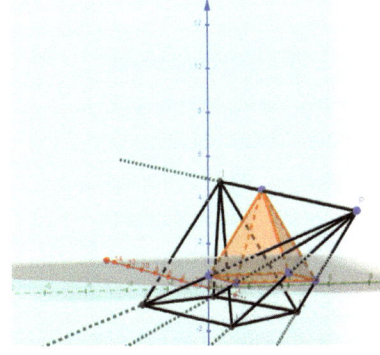

Abbildung 23: Zentralprojektion Schritt 3 (selbsterstellt mit GeoGebra)

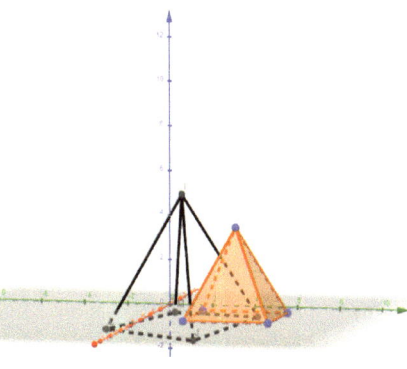

Abbildung 24: Zentralprojektion Schritt 4 (selbsterstellt mit GeoGebra)

Parallelperspektivische Darstellungen mit Hilfe von Schiebereglern

Um die Variationen von parallelperspektivischen Darstellungen deutlich zu machen, wurde ein kartesisches Koordinatensystem in GeoGebra erstellt. Die Winkel zwischen der x – und z –Achse sowie y – und z –Achse können mit Hilfe eines Schiebereglers verstellt werden. Dies dient dazu, die verschiedenen Darstellungsweisen, wie z.b. die dimetrische oder die kavalierperspektivische Darstellung, zu veranschaulichen. Zusätzlich können die Kantenlängen des zusammengesetzten geometrischen Körpers und Verkürzungen der Seiten mit Hilfe von Schiebereglern verändert werden. Im Folgenden wird eine Beispieldarstellung abgebildet. Die zugehörige Geo-Gebra Datei im Anhang bzw. auf der CD verdeutlicht die vielfältigen Anschauungsmöglichkeiten und ermöglicht einen praktischen Einblick in das Themenfeld.

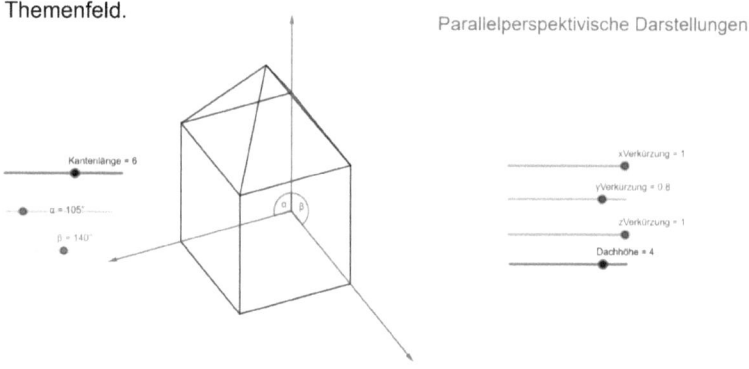

Abbildung 25: Verschiedene perspektivische Ansichten
(selbsterstellt mit GeoGebra)

Die Möglichkeit, mit GeoGebra geometrische Körper im dreidimensionalen Raum darzustellen, sorgt für ein sichereres Gefühl im Umgang mit perspektivischen Darstellungen. Durch die Änderungen der Winkel können verschiedene Varianten ausprobiert und verglichen werden. Welche Winkelkombination das anschaulichste Bild erzeugt, kann ebenfalls untersucht werden. Das Gefühl für die Raumgeometrie und die Parallelprojektion kann somit verbessert werden.

6.2 Anwendungsmöglichkeiten mit ArCon

ArCon Software ist ein 3D CAD Programm für die visuelle Architektur und bietet insbesondere Architekten und Hausplanern die Möglichkeit, eigene kreative Ideen zu verwirklichen und anschaulich zu machen, noch bevor der erste Baustein gesetzt wird. Dabei können Grundrisse von Räumen und Etagen oder verschiedene perspektivische Ansichten von Häusern darge- stellt werden. Im Entwurfsprozess werden Skizzen, Zeichnungen und Mo- delle verwendet, um die Gedanken und Vorstellungen entwickeln und prä- zisieren zu können (vgl. Leopold 2015, S. 11). Dabei dient die Zeichnung im gesamten Entwurfsprozess dafür, Ideen und Vorstellungen sichtbar wer- den zu lassen und am Ende als Entwurf, ob das Projekt ausgeführt werden kann oder nicht (vgl. Leopold 2015, S. 11). In den Abbildungen 26 und 27 werden die parallelperspektivische Darstellung eines Einfamilienhauses so- wie die dreidimensionale Raumaufteilung einer Wohnung sichtbar. Diese Entwürfe sorgen für eine bildliche Vorstellung von Wohnobjekten und ver- deutlichen, weshalb die perspektivischen Darstellungen einen hohen Stel- lenwert in der Architektur aufweisen.

Abbildung 26: Parallelperspektivisches
Einfamilienhaus
(selbsterstellt mit ArCon)

Abbildung 27: Dreidimensionale Raumaufteilung
(selbsterstellt mit ArCon)

7. Perspektivische Darstellungen geometrischer Körper in der Schule

Perspektivische Darstellungen, wie die Zentral- und Parallelprojektion, finden sich im mathematischen Themenbereich der Darstellenden Geometrie wieder. Ab dem 6. Schuljahr sollen die SuS im Zusammenhang mit der Kompetenz „Raum und Form" ebene und räumliche Figuren aus ihrer Umwelt identifizieren, strukturieren sowie diese darstellen (vgl. Kultusministerium Niedersachsen 2020, S. 32). Dies beinhaltet die Herstellung von Netzen und Schrägbildern von Würfeln und Quadern. Später folgen Prismen, Zylinder und Pyramiden (vgl. Kultusministerium Niedersachsen 2020, S. 32). Allerdings wird das Thema rund um die Zentral- und Parallelprojektion nicht explizit im Lehrplan aufgegriffen und kann daher eher für einen Exkurs im Rahmen des Geometrieunterrichts genutzt werden. Da allen SuS perspektivische Darstellungen in ihrem Alltag begegnen und sich auch im Kunstunterricht bereits mit Zeichnungen und Perspektiven auseinandergesetzt haben, eignet sich das Integrieren des Themas in eine Mathematikstunde.

7.1 Thematisierung im Mathematikunterricht in der Sekundarstufe 1

In diesem Abschnitt soll betrachtet werden, wie das Thema „Perspektivische Darstellungen von geometrischen Körpern" in den Mathematikunterricht einer 9. oder 10. Klasse der Sekundarstufe 1 integriert und aufgebaut werden kann. Hierbei soll der Ansatz von Verena Rembowski aus der Zeitschrift „Mathematik lehren: Papierkram – Verstehen mit und durch Papier" als Vorlage genutzt werden (Rembowski 2018, S. 30-34). Anlehnend an die bereits beschriebenen Kompetenzen, die im Umgang mit perspektivischen Darstellungen gefördert werden sollen, steht während der Unterrichtseinheit folgende mathematikdidaktische Frage im Vordergrund:

„Wie kann das Verständnis für perspektivische Darstellungen geometrischer Körper gefördert werden und wie erfolgt der Kompetenzerwerb in dieser Unterrichtseinheit?"

Wenn die Darstellung geometrischer Körper im Unterricht behandelt wird, gehen Lehrkräfte meist von Körpern aus, die die SuS leicht in ihrer Umgebung antreffen. Meist werden Grundkörper und einfache, daraus zusammengesetzte Körper ausgewählt (vgl. Rembowski 2018, S. 30). Kompliziertere Exemplare finden die SuS im Schulbuch, welche allerdings auf ihre zweidimensionale Darstellung reduziert wurden. Die Wichtigkeit im Umgang mit perspektivischen Darstellungen beschreibt Rembowski (2018) damit, dass Schulabbrecher häufig Probleme in Handwerksberufen erleben, da ihnen das Wissen fehlt (vgl. Rembowski 2018, S. 30).

Eine mögliche Einteilung des Themas in einer Unterrichtseinheit könnte nach Rembowski (2018) folgendermaßen aussehen:

1. Darstellungen „lesen"
2. Darstellungen selbst erstellen
3. Pappmodelle aus GeoEasy

1. Phase: Darstellungen „lesen"

Um eigene Darstellungen geometrischer Körper herzustellen, wird das „Lesen-Können" solcher Darstellungen vorausgesetzt. Bereits in Klasse 5/6 beschäftigen sich die SuS mit Netzen von Körpern und können „richtige" von „falschen" unterscheiden sowie eigene zeichnen und zusammenfalten (vgl. Rembowski 2018, S. 31). Daran anknüpfend startet diese Unterrichtseinheit mit dem Arbeitsauftrag zur Herstellung eines Quadernetzes mit den Seitenlängen 3 cm, 4 cm und 1 cm. Gegenüberliegende Seiten sollen gleich gefärbt und mit Hilfe passender Laschen zusammengeklebt werden. Dieser Quader dient während der Unterrichtseinheit als Anschauungsobjekt für die Erarbeitung verschiedener Darstellungen. Anschließend wird die Kavalierprojektion des Quaders betrachtet. Die Lernenden sollen die Seitenflächen ihres Quaders in den entsprechenden Farben markieren und ein Schrägbild aus einer anderen Ansicht zeichnen. Diese selbsterstellten Schrägbilder sollen nun mit Hilfe einer Dokumentenkamera im Plenum betrachtet werden. Um zu entscheiden, welche unterschiedlichen Ansichten möglich sind, sollen folgende Fragestellungen diskutiert werden: „Wie verständlich sind die Abbildungen?", „Welche Aspekte dürfen nicht fehlen?", „Welche

Aspekte sind überflüssig?", „Was ist gelungen?", „Was kann man verbessern?" (vgl. Rembowski 2018, S. 32). Nun wird ein Blick auf die noch unbekannten Darstellungsarten geworfen und diese mit ihren Namen: Kavalieprojektion, Militärprojektion und Isometrie bezeichnet (vgl. Rembowski 2018, S. 32).

Die SuS sollen sich im Folgenden mit den sichtbaren und nicht sichtbaren Kanten vertraut machen, indem sie die sichtbaren Seitenflächen farblich markieren. Langsam werden sie mit den neuen Darstellungsarten vertraut und überlegen nun, was beachtet werden muss, um einen geometrischen Körper in der Militärprojektion bzw. Isometrie zeichnen zu können. Nach kurzer Bedenkzeit wird zusammengefasst. In der Kavalierprojektion werden senkrecht nach hinten verlaufende Kanten schräg und verkürzt gezeichnet. Die Winkel gegenüber der horizontalen Grundlinie betragen 30° und 60°. Bei der Isometrie werden alle Kanten unverkürzt gezeichnet und die Winkel gegenüber der horizontalen Grundlinie betragen jeweils 30° (vgl. Rembowski 2018, S. 32).

2. Phase: Darstellungen selbst erstellen

In der zweiten Phase sollen die SuS nun selbst die neuen Darstellungen erstellen. Ausgehend von einem Quader in der Kavalierprojektion, soll dieser in die beiden anderen Projektionsarten Militärprojektion und Isometrie übertragen werden. Laut Rembowski (2018) vernetzt dies die Darstellungsebenen enaktiv – ikonisch – symbolisch und sorgt für eine intensive Auseinandersetzung mit den verschiedenen Darstellungen eines geometrischen Körpers (vgl. Rembowski 2018, S. 32).

Anschließend soll der Würfel betrachtet werden, da dieser sich besonders eignet, die Vor- und Nachteile der verschiedenen Darstellungen zu erarbeiten. Die vertraute Kavalierprojektion wird von vielen Lernenden am aussagekräftigsten empfunden, weil der Aufriss in Form und Größe den entsprechenden Seitenflächen des Realobjekts entspricht. Für den weniger vertrauten Grundriss in der Militärprojektion gilt das gleiche, was die SuS nach kurzer Zeit realisieren. Die Lernenden stellen fest, dass in der Isometrie die verschiedenen Seitenflächen „gleichwertig" dargestellt werden und die

punktsymmetrischen Würfelecken aufeinander liegen können. Welche Grö-
ßen in den unterschiedlichen Darstellungsarten maßgerecht dargestellt
werden und welche nicht, kann ausgehend von diesen Beobachtungen
schnell festgelegt werden (vgl. Rembowski 2018, S. 33). Auf die zeichneri-
sche Einfachheit der Kavalierprojektion wird immer wieder hingewiesen.
Verschiedene Würfelgebäude, Prismen oder auch Zylinder dienen im weiteren Verlauf dazu, das Wissen zu festigen und weiterhin zu reflektieren
(vgl. Rembowski 2018, S. 33).

3. Phase: Pappmodelle aus GeoEasy

Zum Abschluss der Unterrichtseinheit arbeiten die SuS mit der $\frac{5}{8}$ – Pyramide und dem eckigen Werkstück aus der GeoEasy-Mappe. Durch das
selbstständige Zusammenstecken der Körper lernen die SuS das Netz und
das Objekt sowie den Übergang von einem zum anderen gleichermaßen
kennen und entwickeln ihr räumliches Vorstellungsvermögen weiter (vgl.
Rembowski 2018, S. 34). Ihr neu erworbenes Wissen über die Vor- und
Nachteile der Darstellungen werden die SuS direkt praktisch anwenden, da
sie die Körper aus einer selbst gewählten Ansicht darstellen. Schwierigkei-
ten bei der Zeichnung können sie daher selbst erkennen und ggf. lösen.
Anschließend sollen gemeinsam die Darstellungen der einzelnen Gruppen
betrachtet werden und Unterschiede hinsichtlich der Anzahl der Hilfslinien
diskutiert und zum weiteren, vertiefenden Nachdenken über die unterschiedlichen Darstellungsarten anregen (vgl. Rembowski 2018, S. 34).

Die verschiedenen Phasen in der Unterrichtseinheit bieten den Lernenden
einen vielfältigen Zugang zum Themengebiet der perspektivischen Darstellungen. Den SuS wird ermöglicht, anknüpfend an ihr Vorwissen, neue Darstellungen von Körpern zu entdecken sowie deren Vor- und Nachteile ab-
zuwägen. Durch die Nutzung von Papier und Pappe wird ein individueller
Zugang sowie eine enaktive Phase, die von allen Lernenden durchlaufen
wird, geschaffen (vgl. Rembowski 2018, S.34). Das räumliche Vorstellungsvermögen wird kontinuierlich ausgebaut, da die Nähe zu greifbaren Objek-
ten aus Papier und Pappe gegeben ist (vgl. Rembowski 2018, S.34). Somit

kann das Verständnis der Schüler und Schülerinnen für perspektivische Darstellungen weiter ausgebaut und gefördert werden.

7.2 Fächerübergreifender Aspekt

Kinder begegnen von klein an geometrischen Körpern in ihrer Umwelt, sei es beim Spielen mit dem Ball oder Würfeln. Auch mit der perspektivischen Darstellung kommen Kinder schon sehr früh in Berührung. In Bilder- oder Malbüchern können sie sehr schnell die Dreidimensionalität verschiedener Körper sehen und erkennen. Ab dem Grundschulalter erlernen sie dann im Geometrieunterricht Fachbegriffe und entwickeln ein mathematisches Verständnis für die Darstellung geometrischer Körper. Um dieses Wissen zu vertiefen, soll eine Vernetzung mit außermathematischen Gebieten angestrebt werden. Einerseits zur Umwelt und Lebenswelt der SuS, aber auch zur Biologie, Architektur und Malerei (vgl. Weigand et al. 2018, S. 12).

Deshalb ist besonders der fächerübergreifende bzw. fächerverbindende Aspekt von hoher Bedeutung. So findet das Thema nicht nur im Geometrieunterricht, sondern auch im Kunstunterricht seinen Platz. Im Rahmen des fächerverbindenden Lernens sollen Denkweisen, Fertigkeiten und Wissensbestände aus verschiedenen Fächern so zusammenführen, dass Erkenntnisprozesse vollzogen werden, die die Möglichkeiten eines einzelnen Faches übersteigen (vgl. Caviola, Kyburz-Graber & Locher 2011, S. 18). Neben dem Ausbau von Fachwissen und Kenntnissen erlangen die SuS eine ausgeweitete Vernetzungsfähigkeit, da sie gelerntes Wissen aus einem Fach auf das andere anwenden und übertragen können. Kreativität, Forschen, Ausprobieren, Kombinieren und die Freude an geometrischen Körpern schaffen den Raum für selbstständiges, aktives und exploratives Lernen und verbinden die beiden Fächer miteinander. So sind SuS in der Lage, in beiden Fächern etwas über geometrische Körper und deren perspektivische Darstellung zu lernen. Während im Mathematikunterricht der Fokus eher im Theoretischen liegt, so kann dieser im Kunstunterricht auf künstlerisches Lernen gelegt werden und ermöglicht trotzdem eine Vertiefung des inhaltlichen, mathematischen Wissens.

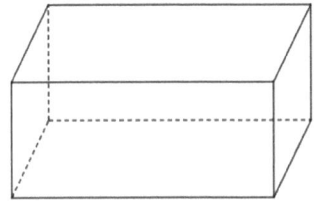

Anmerkung der Redaktion:
Die Abbildung wurde aus
urheberrechtlichen Gründen
entfernt.

Abbildung 28: Quader im Mathematikunterricht   Abbildung 29: Quader im Kunstunterricht
(selbsterstellt mit GeoGebra)   (aus Schulkunst-Archiv BW)

In den Abbildungen 28 und 29 wird der unterschiedliche Einsatz eines Quaders im Mathematik- und Kunstunterricht noch einmal deutlich. Trotz mathematischer Korrektheit bezüglich der Seitenlängen und Winkelmaße in den bunten Quadern, sorgen diese für ein kreatives Lernen und unterscheiden sich erheblich vom Mathematikunterricht. Wissen über perspektivische Darstellungen kann von den Lernenden in beiden Fächern erworben und gefestigt werden. Der fächerübergreifbare bzw. fächerverbindende Aspekt bietet daher eine Vielzahl an Vorteilen und Möglichkeiten für den Wissens- und Kompetenzerwerb der SuS.

8. Fazit

Eingangs wurde folgende Fragestellung eröffnet:

„Welche mathematischen Grundlagen sind in Kombination für die Konstruktion perspektivscher Darstellungen geometrischer Körper notwendig und welche Variationen sind dabei zu unterscheiden?"

Nach der Beschreibung der mathematischen Grundlagen und der verschiedenen Variationen der Zentral- und Parallelprojektion ist deutlich geworden, dass das kartesische Koordinatensystem, die Ebene, Punkte und Geraden die grundlegenen Strukturen für perspektivische Darstellungen sind. Änderungen im kartesischen Koordinatensystem, z.B. die Winkel zwischen den Achsen, sorgen für unterschiedliche Ansichten auf geometrische Objekte. Besonders bei der Parallelprojektion sorgt die Änderung der Achsenwinkel für viele Variationen. In diesem Zusammenhang wurden die Axonometrie, Isometrie, Dimetrie, Vogel- und Froschperspektive sowie die Kavalier- und Militärprojektion erläutert und definiert. Diese unterschiedlichen Darstellungsweisen sind besonders in der Architektur sehr wichtig und ermöglichen die optimale Ansicht für verschiedene Baupläne, wie z.B. Hangbebauungen, Gebäudekomplexe, Wohnungsgrundrisse, usw. Zusätzlich sind die Projektionsstrahlen Ausgangspunkt, ob geometrische Körper zentral oder parallel abgebildet werden. Diese können von einem Projektionszentrum ausgehen oder parallel verlaufen. Die projizierten Bilder unterscheiden sich dabei enorm. Zentralperspektivische Abbildungen entsprechen dem Sehvorgang, weshalb sie als sehr anschaulich empfunden werden. Parallelperspektivische Darstellungen werden häufiger in der Geometrie und Architektur verwendet, da die Maßverhältnisse einfacher entnommen werden können.

Perspektivische Darstellungen besitzen einen hohen Stellenwert in vielen Bereichen unseres Lebens. Ob in der Schule, in vielen Berufen oder im Alltag, überall begegnen einem perspektivischen Abbildungen. Die thematische Auseinandersetzung mit dem Thema ist daher sehr wichtig, sodass der Aspekt im Geometrieunterricht der Schule noch weiter ausgebaut und vertieft werden könnte. Perspektivische Darstellungen nehmen im Themenbereich der Darstellenden Geometrie einen wichtigen Platz ein. Lagebeziehungen von Punkten, Geraden und Ebenen werden thematisiert und gefestigt. Angrenzend an die Zentral- und Parallelprojektion schließt das Thema „Schatten" in der Mathematik und der Physik. Weitere Anregungen und die Zusammenhänge zwischen Projektionen und Schattenkonstruktionen liefert Georg Glaeser in seinem Buch „Geometrie und ihre Anwendungen in Kunst, Natur und Technik".

9. Literaturverzeichnis

Bücher:

Benölken, R., Gorski, H. & Müller-Philipp, S. (2018). *Leitfaden Geometrie: Für Studierende der Lehrämter* (7. Aufl.). Springer Spektrum.

Caviola, H., Kyburz-Graber, R. & Locher, S. (2011). *Wege zum guten fächerübergreifenden Unterricht: Ein Handbuch für Lehrpersonen* (1. Aufl.). hep verlag.

Haack, W. (1980). *Darstellende Geometrie*. De Gruyter.

Helmerich, M. & Lengnink, K. (2015). *Einführung Mathematik Primarstufe - Geometrie*. Springer Publishing.

Kultusministerium Niedersachsen (2020). Kerncurriculum für die Realschule Schuljahrgänge 5-10. Hg. v. Niedersächsisches Kultusministerium. Hannover

Leopold, C. (2015). *Geometrische Grundlagen der Architekturdarstellung* (5. Aufl.). Springer Vieweg.

Müller, K. P. (2004). *Raumgeometrie: Raumphänomene - Konstruieren - Berechnen (Mathematik-ABC für das Lehramt)* (2., überarb. u. erw. Aufl. 2004 Aufl.). Vieweg+Teubner Verlag.

Padberg, F., Krauter, S. & Bescherer, C. (2012). *Erlebnis Elementargeometrie: Ein Arbeitsbuch zum selbstständigen und aktiven Entdecken (Mathematik Primarstufe und Sekundarstufe I + II)* (2., erw. Aufl. 2013 Aufl.). Springer Spektrum.

Rembowski, V. (2018). *Projektionen, nicht nur von Quadern aus Papier.* mathematik lehren, 44, 30–34.

Scheid, H. & Schwarz, W. (2016). *Elemente der Geometrie* (5. Aufl. 2017 Aufl.). Springer Spektrum.

Weigand, H. G., Filler, A., Hölzl, R., Kuntze, S., Ludwig, M., Roth, J., Schmidt-Thieme, B. & Wittmann, G. (2018). *Didaktik der Geometrie für die Sekundarstufe I.* Springer Publishing.

Internetquellen:

Bauklötzchen. (2008.). [Abbildung]. verfügbar unter http://archiv.schulkunst-bw.de/?g2_itemId=992, zuletzt geprüft am 03.08.2022